Bibliografische Information der Deutschen Nationalbibliothek:

Die Deutsche Bibliothek verzeichnet diese Publikation in der Deutschen National-
bibliografie; detaillierte bibliografische Daten sind im Internet über http://dnb.d-
nb.de/ abrufbar.

Impressum:

Copyright © 2018 GRIN Verlag
Druck und Bindung: Books on Demand GmbH, Norderstedt Germany
ISBN: 9783668778306

Dieses Buch bei GRIN:

https://www.grin.com/document/437614

Laila Römling

Veganismus. Einstiegsdroge für Bulimie und Anorexie?

GRIN Verlag

Universität Potsdam

Institut für Arbeitslehre / Technik

Wirtschafts- und Sozialwissenschaftliche Fakultät

Bachelorarbeit

Thema:

Veganismus-

Einstiegsdroge für Bulimie und Anorexie?

Bachelorarbeit zur Erlangung des Grades „**Bachelor of Education (B.Ed.)**"

Vorgelegt von: Laila Selina Römling

Potsdam, den 29.03.2018

Inhaltsverzeichnis

Abkürzungsverzeichnis

Abkürzung	Bedeutung
BMI	Body-Mass-Index
bspw.	beispielsweise
BZgA	Bundeszentrale für gesundheitliche Aufklärung
bzw.	beziehungsweise
DEGS	Deutscher Erwachsenen-Gesundheits-Survey
ebd.	ebenda
f.	die angegebene und die folgende Seite
ff.	die angegebene und die beiden folgenden Seiten
grds.	grundsätzlich
KiGGs	Kinder- und Jugendgesundheitssurvey
m. E.	meines Erachtens
PETA	People for the Ethical Treatment of Animals (Englisch USA)
ProVeg	Internationale Ernährungsorganisation
u. a.	unter anderem
Vgl.	Vergleich
WHO	Weltgesundheitsorganisation
z. B.	zum Beispiel

1. Einleitung

„Wenn es um Schmerz, Liebe, Freude, Einsamkeit und Angst geht, ist eine Ratte gleich einem Schwein, einem Hund, einem Jungen. Jeder von ihnen schätzt sein Leben und kämpft dafür."[1]

Dieses Zitat stammt von Ingrid Newkirk, der Gründerin von „People for the Ethical Treatment of Animals" (PETA), einer Tierschutzorganisation, die für das Recht der Tiere kämpft. PETA möchte der Tierquälerei ein Ende setzen und appelliert an die Gesellschaft, sich für eine vegetarische oder eine vegane Ernährungsweise zu entscheiden.[2]

Aufgrund meiner engen Verbundenheit zu Tieren lebe ich selbst seit 17 Jahren vegetarisch. Für eine rein vegane Ernährungsweise könnte ich mich hingegen noch nicht entscheiden, da sie die Vielfalt meiner Ernährung zu stark einschränken würde.

Angesichts der Relevanz des Veganismus in jüngster Zeit und dem enormen Zuwachs dieser Ernährungsform interessiere ich mich sehr für die Hintergründe einer veganen Lebensweise. Es hilft nicht nur den Tieren, die durch die eigene Ernährungsweise verschont werden, sondern ist zudem Trend geworden. Immer mehr Menschen schließen sich dieser Ernährungsform an und wollen dazugehören.[3] Der Veganismus wird daher sowohl mit einer ethisch-moralischen Komponente gekoppelt, die für das Zusammengehörigkeitsgefühl, für gesundheitliche Aspekte als auch das Erzielen der eigenen „Wunschfigur" genutzt. Dieser Abnehmwunsch findet sich auch in den Krankheiten Bulimie und Anorexie wieder.

Die Bundeszentrale für gesundheitliche Aufklärung (BZgA) stellt eine repräsentative Studie zur Gesundheit Erwachsener in Deutschland (DEGS1) vor.

Nach dieser Studie leiden in Deutschland 1,1 % der Frauen und 0,3 % der Männer im Alter von 18 bis 79 Jahren unter Magersucht und 0,3 % der Frauen und 0,1 % der Männer unter Bulimie.[4] Für Mädchen und Jungen wurde bisher keine repräsentative Studie erhoben. Jedoch besagt der Kinder- und Jugendgesundheitssurvey (KiGGS) des Robert Koch-Instituts, dass bei etwa einem Fünftel aller 11 bis 17 Jährigen in Deutschland der Verdacht für eine Ess-störung besteht.[5] Diese Zahlen sind ein Alarmzeichen und es stellt sich mir die Frage, welche Bedeutung in diesem Kontext die Selektierung von Nahrung für den Menschen hat und in-wieweit diese mit Essstörungen zusammenhängt. Daher entschied ich mich bewusst für diese Thematik und wollte gezielt die Kernfrage untersuchen, ob Veganismus eine Einstiegsdroge

---

[1] http://www.peta.de/tierrechte.
[2] Vgl. ebd.
[3] https://dr-barbara-hendel.de/blog/abnehmen-als-vegetarier/.
[4] Vgl. Jacobi, Frank 2013. S. 77-87.
[5] https://www.bzga-essstoerungen.de/lehr-und-fachkraefte/zahlen-zur-haeufigkeit/.

für Bulimie und Anorexie sein kann. Ferner möchte ich mich damit beschäftigen, welche Symptome in einer veganen Ernährung durch Mangelerscheinungen auftreten und wie diese mit Essstörungen zusammenhängen können. In dieser Arbeit werden daher primär die Essstörungen „Bulimie" und „Anorexie" beleuchtet.

Zu Beginn meines Hauptteils werde ich zum besseren Verständnis auf den Veganismus im Allgemeinen und seine möglichen Gefahren eingehen. Hierbei werde ich auch die Motivation und die Medienwirkung in Bezug auf den Veganismus verdeutlichen. Im nächsten Schritt werde ich das Thema Essstörungen behandeln und speziell auf das Essverhalten unserer heutigen Zeit eingehen und zusätzlich die geschichtliche Entwicklung des Schlankheitsideals und auf die Einflussfaktoren aufzeigen, die eine Essstörung hervorrufen können.

Anschließend werde ich die Krankheitsbilder „Bulimia nervosa" und „Anorexia nervosa" näher untersuchen und geschichtliche Hintergründe, Merkmale und Folgen der beiden Symptome herausarbeiten; da sich diese überwiegend bei Frauen zeigen, werde ich mich in meiner Arbeit ausschließlich auf Frauen, bzw. Mädchen beziehen.

Dazu werde ich auch kurz auf die Essstörung Orthorexie eingehen, da sie meiner Meinung nach in einer engen Verbindung mit dem Veganismus als auch mit der Bulimie und Anorexie steht. Folglich werde ich aufzeigen, inwieweit Veganismus vielleicht mit Essstörungen im Zusammenhang steht. Hierbei untersuche ich insbesondere den Aspekt dieser Diät und einen möglichen Nährstoffmangel. Zum Schluss meiner Betrachtung, werde ich die Kernfrage beantworten und daraus ein Fazit ableiten.

2. Veganismus

Laut ProVeg., der größten internationalen Ernährungsorganisation für Vegetarier und Veganer, leben in Deutschland rund 8 Millionen Menschen vegetarisch und 1,3 Millionen vegan,
wobei die Zahlen stetig steigen.[6]

Der Veganismus ist eine Ernährungsform, die sich auf der Grundlage des Vegetarismus ge-
bildet hat. Im Vegetarismus wird auf das Essen von Fleisch und Fisch komplett verzichtet.

Aus dem Vegetarismus bildeten sich verschiedene Formen, u. a. der Pescetarier, der zwar auf
Fleisch nicht aber auf Fisch verzichtet. Der Veganismus, welcher sich wie der Vegetarismus
in unterschiedlichen Kostformen gespalten hat, wie bspw. die Rohköstler, die jegliche Art von
gekochter Nahrung vermeiden und überwiegend pflanzliche Nahrungsmittel essen, wird oft
als strenge oder strikte Form des Vegetarismus bezeichnet. Es handelt sich hierbei um die
strengste Form, da ein Veganer sich ausschließlich pflanzlich ernährt, also weder Fleisch noch
Fisch und zudem auch keine Lebensmittel zu sich nimmt, die vom Tier abstammen, wie
bspw. Milch oder Eier. Vegan zu leben oder zu sein ist aber mehr als ein Ernährungsstil, ja es
ist ein „Lebensstil" und umfasst neben der Ernährung auch den Umgang mit allen Produkten
tierischen Ursprungs oder entsprechenden „Spaßveranstaltungen", wie Zoo- oder Zirkusbesu-
che.[7]

Der Veganer empfindet sich in der heutigen Gesellschaft im Vergleich zum „Mainstream"
tendenziell überlegen, da er ja mit seiner Lebensweise einen nachhaltigen Beitrag für die Welt
leistet. Veganismus existiert, weil wir in einer Gesellschaft des Überflusses leben. Die Fülle
von Lebensmitteln und die resultierende Entscheidungsvielfalt sind durch die Lebensmittelin-
dustrie angetrieben. [8]

Daher machen sich Menschen immer mehr Gedanken darüber, was sie noch essen können.
Der Veganismus schafft hier Abhilfe, da er strikte Regeln vorgibt, an die es sich nur zu halten
gilt. Diese Regeln schaffen dem Veganer Sicherheit und Vertrauen, weil er etwas gefunden
hat, an das er sich halten kann, und zudem einen respektvollen Umgang mit der Tierwelt
pflegt.

Es gibt jedoch unterschiedliche Intentionen, wieso sich Menschen dem Veganismus anschließen. Diese werden nachfolgend genauer betrachtet, um weitere Verbindungen zwischen dem
Veganismus und einer Essstörung zu untersuchen.

---

[6] https://vebu.de/veggie-fakten/entwicklung-in-zahlen/vegan-trend-fakten-zum-veggie-boom/.
[7] Vgl. Leitzmann, Claus 2001, S. 12.
[8] Vgl. Klotter, Christoph 2016, S.13.

Abbildung 1 : Deckblatt einer Zeitschrift von „Vegan für mich".

Diese Abbildung zeigt ein Deckblatt der Zeitschrift „Vegan für mich". Abgebildet ist ein Salat aus reiner Pflanzenkost. Es wird damit geworben, dass man schnell 5 Pfund verliert, ohne eine Diät zu machen. Allein die vegane Kost soll helfen schlank und fit zu sein. Dies ist nur eins der wenigen Beispiele, in dem eine vegane Kostform angepriesen wird.

Dazu werben auch berühmte Persönlichkeiten mit einem veganen Leben und erhalten durch die Medienentwicklung vermehrt Aufmerksamkeit. Sie nehmen so starken Einfluss auf ihre Anhänger, also bestimmte Teile der Gesellschaft. In der heutigen Zeit ist Werbung kaum mehr aufzuhalten oder wegzudenken. Überall begegnet sie uns, ob im Fernsehen, in Zeitschriften oder auch auf der Straße, in Form von Oldschool-Litfasssäulen, Plakaten oder Großbildleinwänden. Auffällig hier ist das präsentierte Schlankheitsideal, welches fast ausschließlich jung, dynamisch und mager präsentiert wird. Doch wie schaffen es diese Menschen der Werbung, eine solche Figur zu haben? Die Antwort der Schönheitsindustrie sind zahlreiche Diäten. Diese lassen sich gut vermarkten und versprechen enorme Umsätze.

Der Veganismus findet hier seinen Anklang. „Die Super Vegan Diät – Schnell schlank: 4 Kilo in 1 Woche." [9] lautet der Titel eines Buches, welches verspricht, mit einer veganen Ernährungsform schnell abnehmen zu können. Natürlich sollen Veganer nicht auf Leckereien verzichten müssen, sodass zahlreiche Ersatzprodukte den Markt bestimmen. Vom veganem Ei, Joghurt bis zum Käse oder auch veganen Fischstäbchen - alles wird angeboten. Die so verarbeiteten Rohstoffe sind nun zu Genussmitteln „veredelt" und haben ihren Preis, sodass diese um ein Vielfaches mehr kosten können als das herkömmliche Produkt.

Wichtig in dieser Arbeit ist es herauszufinden, ob durch die Selektion von Nahrung der Veganismus als Einstiegsdroge für Essstörungen fungieren kann und somit auch eine Gefahr für Veganer darstellt. Hierfür ist es wichtig, die Motivation des Veganismus näher zu beleuchten.

2.2 Motivation des Veganismus

Die Motivationen vegan zu leben sind sehr vielfältig. Neben der ethischen Moral, den Tieren nicht zu Schaden und sie nicht auszubeuten, sondern als ein leidfähiges Wesen wahrzunehmen, werden vorrangig

> Gesundheitsaspekte,
> religiöse Gründe,
> und/oder
> Umweltaspekte

angeführt.

Der durch Massentierhaltung entstehenden Umweltbelastung wird durch eine vegane Ernährungsweise grds. etwas entgegengesetzt. Doch auch der Glaube an gesundheitliche Aspekte prägt den „veganen Lebensstil", der die Lebenszufriedenheit, Vitalität und das Wohlbefinden jedes Einzelnen steigern soll.[10]

Der Aspekt der Gesundheit stellt somit eine wichtige Komponente auch für diese Arbeit dar. Die vegane Ernährung wird u. a. als Diät zum Abnehmen genutzt. Immer mehr Prominente folgen dem Trend vom veganen Leben und werben mit den Vorteilen des Veganismus, eben seine „Traumfigur" zu erreichen. Dadurch erhalten sie viel Aufmerksamkeit, weil sie sich

---

[9] Vgl. Oberbeil, Klaus 2014.
[10] http://www.tier-im-fokus.ch/info-material/info-dossiers/veganismus.

zudem für den Tier- bzw. den Umweltschutz stark machen und ein anerkanntes Statement für die Gesellschaft abgeben.[11]

Immer mehr Menschen eifern diesem Bild nach und entscheiden sich dafür vegan zu leben. In Form des Wunsches abzunehmen, kann dieses jedoch unter näher zu betrachtenden Umständen ein Risiko sein.

2.3 Die Gefahren des Veganismus

Die Gefahren, die der Veganismus mit sich bringt, werden häufig unterschätzt. Denn mittlerweile ist es auch anerkannt, dass, wenn die Ernährung z. B. um tierische Eiweiße eingeschränkt wird, im besonderen Maße darauf geachtet werden sollte, dass Nährstoffe wie Vitamin B12 gesondert zugeführt werden müssen, damit sich keine Mangelerscheinungen einstellen. Im Veganismus kann es somit zu Mangelerscheinungen kommen, da vorwiegend in tierischen Produkten Nährstoffe enthalten sind, die mit einer pflanzlichen Ernährung nicht in ausreichendem Maße zugeführt werden. Daher müssen Veganer häufig zu Nahrungsergänzungsmitteln greifen, deren behauptete Effekte nicht verlässlich nachgewiesen sind und die bei übermäßiger Einnahme sogar gefährlich für den menschlichen Organismus werden können. Diese Gefahr wird von Veganern häufig unterschätzt, da eben damit geworben wird, dass die vegane Ernährung zu mehr Gesundheit führen soll und nicht von Mangelerscheinungen die Rede ist. Vor allem Kinder und Jugendliche, die noch in der Entwicklung ihres Wachstums stecken, sind sehr gefährdet, da ihr Körper Lebensmittel mit einer hohen Nährstoffdichte benötigt. Hierzu gehört ein ausgewogenes Verhältnis zwischen dem Energiereichtum, Mineralstoffen und Vitaminen. Daher sollten sie sich ausgewogen ernähren durch Obst, Gemüse, Kartoffeln, Getreide aber eben auch durch tierische Produkte. Gleichzeitig entwickelt sich ihr Geschmackssinn noch, sodass sie nicht unbedingt das essen wollen, was in einer veganen Ernährung wichtig ist, wie bspw. Kartoffeln mit Leinöl oder eine Rote Bete Suppe.[12]

Trotz alledem ist es kein Wunder, dass sich immer mehr Menschen dem Veganismus anschließen, es scheint durch Ersatzprodukte keine Einschränkungen zu geben und eben nur Vorteile zu bringen. Veganismus könnte jedoch in Verbindung mit einem Abnehmwunsch zu einer Essstörung führen.

---

[11] http://www.gofeminin.de/abnehmen/prominente-veganer-d49849c582238.html.
[12] Vgl. Kofrányi, Ernst; Wirths, Willi.2013. S.169.

3. Essstörungen

Nahezu jedes zweite Mädchen über 15 Jahre empfindet sich nach entsprechenden Umfragen als zu dick.[13] Die meisten sind mit ihrem Körpergewicht und ihrem Bauch, den Beinen, den Armen, dem Po unzufrieden. Der Druck, schlank sein zu wollen, zeigt sich vor allem bei jungen Menschen als sehr ausgeprägt. Durch die Medien werden sie entsprechend beeinflusst.

In meiner Generation war uns das Gewicht als Kinder nicht wichtig - ob jemand dick oder dünn war, habe ich nicht als etwas Bedeutsames wahrgenommen, sondern die Mitschülerin oder den Mitschüler an sich.

In meiner Familie hatten wir damals nur einen Standcomputer, den ich sehr selten nutzte. Die Schönheitsideale waren viel später erst Thema. Meine sieben Jahre jüngere Schwester hingegen hatte in der 1. Klasse ein Mädchen, was dicker war und bereits gemobbt wurde. Das hat mich damals sehr schockiert, weil ich nicht fassen konnte, dass sich sechsjährige Mädchen bereits für so etwas interessieren.

„Size Zero" zu erreichen scheint das Ziel für viele junge Frauen zu sein. „Size Zero" entspricht der Kleidergröße 32, welche der eines 12-jährigem Mädchens nahekommt. Die Bezeichnung wird jedoch auch für Diät Programme verwendet, um die Mädchen direkt anzusprechen, ihre Traummaße zu erreichen, ohne darüber aufzuklären, wie gefährlich dieser Wunsch ist, sondern dieser wird noch unterstützt.[14] Die Models, die diese Maße präsentieren, kursieren als Vorbilder mit ihren perfekten, schlanken Körpern und keinem Gramm Körperfett zu viel.

Durch Bildbearbeitungsprogramme wird dieses Konstrukt noch unrealistischer und ein Model scheint „göttlich", unfehlbar und makellos zu sein. Dieses Schönheitsideal scheint unerreichbar und die jungen Frauen werden frustriert und werten sich selbst ab. Gegenwärtig wird versucht, diesem Ideal mehr Einhalt zu bieten, sodass es immer mehr normalgewichtige Models gibt, die wieder zurück in die Realität führen und dem entsprechen, wie „echte Frauen" aussehen sollten. Leider überwiegen als Vorbilder jedoch immer noch abgemagerte Models, die bei der Nachstellung dieses Aussehens eine Essstörung gerade bei jungen Frauen begünstigen [15]

Eine Essstörung beschreibt ein Phänomen, bei dem die Menge der Nahrungsaufnahme bzw. des daraus resultierenden Körpergewichts als krankhaft gilt. Die „Bulimie" und die „Anore-

---

[13] https://www.augsburger-allgemeine.de/wissenschaft/Deutsche-Kinder-fuehlen-sich-zu-dick-zu-Recht-id20152951.html.

[14] https://www.stern.de/lifestyle/mode/myla-dalbesio--was-ist-size-zero---und-wann-bin-ich-plus-size--3258782.html.

[15] http://www.gofeminin.de/abnehmen/prominente-veganer-d49849c582238.html.

xie", die in dieser Arbeit untersucht werden, gehören zu den Hauptvertretern von Essstörungen und zählen zu den häufigsten kinder- und jugendpsychiatrischen Erkrankungen.[16]

Das Wort „Bulimia" leitet sich aus dem Griechischen ab und bedeutet „Heißhunger", was einen wichtigen Teil dieses Krankheitsbildes beschreibt.

„Anorexia", wird mit „Appetitlosigkeit" übersetzt, was in diesem Fall unpassend ist, da Anorektiker nicht an einer psychisch bedingten Appetitlosigkeit leiden. Sie essen sogar gerne und beschäftigen sich permanent mit Nahrungsmitteln, können diese jedoch nicht essen, weil sie sonst nicht abnehmen und somit die Kontrolle über ihr Konstrukt verlieren würden.[17]

Fast ausschließlich Frauen entwickeln eine Mager – oder Ess-Brech-Sucht, welches für die geschlechterspezifischen Rollen verstärkt.[18]

„Man wird nicht als Frau geboren, man wird es." [19], sagte schon Simone de Beauvoir, die eine feministische Hauptvertreterin des 20. Jahrhundert der Frauenbewegung war. [20]

Gegenwärtig hat sich das Schlankheitsideal gefestigt, sodass vor allem Frauen einem großen Druck ausgesetzt sind schlank zu sein. In der Pubertät suchen sich Mädchen ihre Idole aus den Medien, die in fast allen Fällen eine „Top Figur" haben. Um dem Idol zu entsprechen, wird alles in Kauf genommen. Dazu gehört eine schöne Figur, die in der heutigen Zeit immer noch vor allem schlank zu sein hat. Sendungen wie „Germanys Next Topmodel" unterstreichen dieses Bild und viele Mädchen eifern diesem Schönheitsideal nach. Dieses kann dann schnell in die falsche Richtung gehen und von mehreren Diäten, die fast jede Frau durchgemacht hat, kann das natürliche Essverhalten schwinden und einer Essstörung Vorschub leisten. Diese führt dann zur Störung des eigenen Körperbildes, da sich die Person selbst bei Normal- oder Untergewicht als zu dick empfindet. Das Selbstwertgefühl sinkt unermesslich und die Unsicherheit steigt. Der Wunsch nach Macht entsteht und eine zum Teil kalkulierte Essstörung scheint der Ausweg zu sein. [21]

„Ich getraute mir nicht mehr, kurze Pullis oder so anzuziehen, weil ich annahm, dass dann alle meinen „dicken" Hintern und Beine sehen mussten. Ich konnte mich einfach nicht mehr sehen im Spiegel. Überall war zuviel." schrieb Luisa die unter einer Essstörung leidet.[22]

---

[16] Vgl. ebd., S. 24.
[17] Vgl. Ettrich, Christine; Pfeiffer, Ulrike. 2001, S. 7.
[18] Vgl. Kremser, Bettina 2011, S. 59.
[19] https://www.emma.de/artikel/wer-hat-je-ein-buch-geschrieben-das-das-schicksal-aller-menschen-veraendert-265507-.
[20] https://derstandard.at/916421/Simone-de-Beauvoir-Leitfigur-des-Feminismus.
[21] Vgl. Hornbacher, Marya 1999, S. 83.
[22] Vgl. Ettrich, Christine; Pfeiffer, Ulrike. 2001, S. 7.

3.1 Essverhalten

„Der Mensch ist, was und wie er isst."[23]

Ein gesundes Essverhalten ist ein Faktor im Dasein, um sich wohl zu fühlen. Dabei wird unser Essverhalten von verschiedenen Motiven gelenkt.

Primär ist Essen als Vermeidung von Hunger einzusetzen, welcher grundsätzlich durch angeborene Hunger-und Sättigungsmechanismen gesteuert wird. Darüber hinaus gibt es auch soziokulturelle Lernprozesse, die sich auf unser Essverhalten auswirken, getreu dem Motto: *„Wir essen nicht, was uns schmeckt, sondern wir lernen zu mögen, was wir essen.*[24]

Durch unsere Überflussgesellschaft, in der das vielfältige Angebot von Nahrung jederzeit verfügbar ist, essen wir kaum mehr aus unserem tatsächlichen Hunger heraus. In den Vordergrund schiebt sich hierbei der „Appetit", der ein angenehmes Gefühl in uns auslöst, im Gegensatz zur Hunger orientierten Nahrungsaufnahme – schöne neue Welt. Hierbei wird das Essen als ein „purer Genuss" erlebt und nicht als ein Mangelausgleich.

Eine essgestörte Person erlebt diesen Genuss nicht mehr, weil das Essen von dieser grundsätzlich als verwerflich angesehen wird. Das Hungergefühl wird als sehr unangenehm empfunden, weil es versucht, zum Essen zu zwingen. Erlangt sie jedoch die Kontrolle über den Körper und eben nicht der Hunger, empfindet die Betroffene ein Zufriedenheitsgefühl.

Hunger- und/oder Sättigungsgefühle sind reine physiologische Prozesse, wohingegen Appetit auf einer psychologischen Befindlichkeitsebene stattfindet. Essen dient daher auch der Beziehungsgestaltung, da das gemeinsame Essen etwas Soziales ist, wo Menschen zusammenkommen. Gemeinsam mit der Familie, in einer Beziehung oder auch mit dem Geschäftspartner, all diese Situationen beinhalten wichtige Beziehungsaspekte, da neben der reinen Nahrungsaufnahme auch verbale und nonverbale Kommunikation stattfindet und das schafft zumeist ein wohliges Befinden.

Das Essen kann jedoch auch als ein Machtmittel genutzt werden. Es gibt Kinder, die versuchen, sich durch das Nichtessen gegen ihre Eltern durchzusetzen, und manipulieren diese damit. Sie versuchen schon im frühen Kindheitsalter, das Hungergefühl zu übergehen. Solch ein Verhalten kann ebenfalls ein Grund dafür sein, dass sich im extremen Fall zu einem späteren Zeitpunkt eine Essstörung entwickelt. Menschen mit Essstörungen sehen das gemeinsame Essen oft als eine Art Folter an. Sie essen am liebsten alleine, wo sie niemand beobachten

---

[23] Vgl. Kinzl, Johann; Kiefer, Ingrid; Kunze Michael 2004, S.7.
[24] Vgl. ebd., S. 7.

kann. Dadurch fehlt ihnen ein wichtiger Beziehungsaspekt und sie grenzen sich aus.[25] Das Verlangen nach Gemeinsamkeit besteht zwar, wird aber genauso wie das Hungergefühl versucht zu unterdrücken.

In einer Zeit, die aber immer mehr auf Isolation spielt und wo Gemeinsamkeit durch digitale Medien ausgeglichen wird, fallen diese Entwicklungen immer weniger auf; doch bleibt zu hoffen, dass die gesunde Sehnsucht zurück in die Mitte führt.

3.1.1 Faktoren für eine Ernährungsentscheidung

Welche Ernährungsformen wir ansprechend finden, wird durch verschiedene Faktoren beeinflusst. Die Kultur spielt hierbei eine sehr große Rolle. Nicht unwesentlich sind auch die Gesellschaftsform und die Religion. Durch die genannten Komponenten und die Erziehung des Kindes werden Ernährungsgewohnheiten geschaffen.

„Erfahrung, Erziehung, Tradition, Tisch- und Ess-Sitten, aber auch Nahrungsverfügbarkeit, Preis, Aussehen, Abneigung und Stimmungslage beeinflussen unser Essverhalten. "[26]

Essgestörte Person entwickeln sehr strenge Ernährungsgewohnheiten und ordnen Lebensmittel entsprechend ein.

3.1.2 Gestörtes Essverhalten

Essen ist wie ein verborgenes Suchtmittel, welches uns in beliebiger Menge „rund um die Uhr" überall zur Verfügung steht und das auch noch schnell und problemlos. Essen wird auch zur Bedürfnisbefriedigung genutzt. Schokolade z. B. wird von den meisten geliebt und als Trostpflaster zum wieder glücklich sein genutzt.[27] Dieser Überfluss kann schnell dazu führen, dass wir zunehmen, da wir über unseren Bedarf hinaus immer weiter essen könnten. Daher wird das Essen für viele zum Suchtmittel, was wiederum durch eine Kontrollausübung darüber zu einer Essstörung führen kann. Wäre uns ein wohlig geformter Körper das Vorbild der gegenwärtigen Zeit, wäre das Zunehmen nicht so ein großes Problem für viele. Daher möchte ich kurz auf die Geschichte des Schlankheitsideals eingehen und das Ideal der gegenwärtigen Zeit herausarbeiten.

---

[25] Vgl. ebd., S. 7ff.
[26] Vgl. ebd., S. 8.
[27] Vgl. ebd., S. 24.

<u>*3.2 Geschichtliche Hintergründe des Schlankheitsideals*</u>

Im Laufe der Geschichte hat sich das Schlankheitsideal immer wieder verändert. Zeiten der mageren Gestalt wechselten mit wohlig genährten Körpern, wobei ein fülliger Körper stets und zum Teil auch noch heute für Gesundheit und Wohlstand steht.

1960 gab es einen Umschwung und Frauen sollten eine schlanke, sportliche Figur haben. Das heutzutage eingebürgerte Schönheits- bzw. Schlankheitsideal scheint jedoch für viele unerreichbar geworden zu sein. Eine Frau soll die Figur eines 14-jährigen, schlanken Mädchens aufweisen. [28]

Frauen hungern sich zu Tode, um endlich so auszusehen wie die Magermodels.
Dem Schlankheitsideal körperlich nicht entsprechen zu können, wird zu einer hohen psychischen Belastung. Wer von dieser Norm abweicht oder gar übergewichtig ist, wird von vielen Menschen als „faul", „unsportlich" und „willensschwach" eingestuft, da dick sein heutzutage meist als etwas Negatives gewertet wird, wohingegen schlanke Menschen meistens Komplimente für ihre „tolle" Figur erfahren. [29]

<u>*3.3 Einflussfaktoren zur Entstehung von Essstörungen*</u>

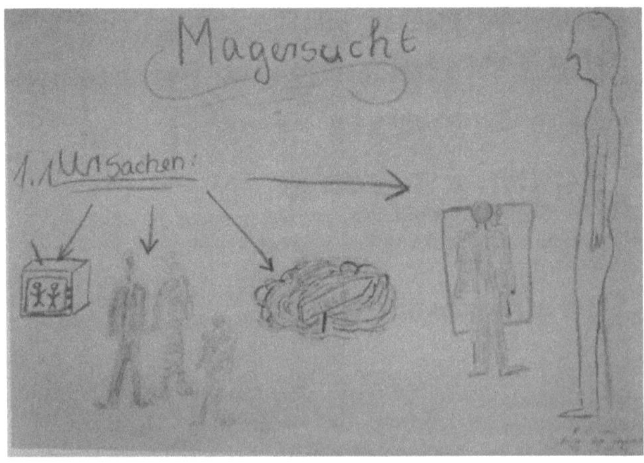

Abbildung 2: „Magersucht - Die Ursachen.
Bild gemalt von einer Betroffenen

---

[28] https://www.br.de/puls/themen/leben/geschichte-der-schoenheit-mode-trends-durch-die-jahrhunderte-100.html.
[29] Vgl. Langsdorff, Maja 2011, S. 126.

Das Bild, welches Ursachen der Magersucht bildlich beschreibt, beinhaltet auch Einflussfaktoren für die Bulimie, welche individuell, familiär oder auch kulturell eine Essstörung begünstigen können und die ich in diesem Kapitel beschreiben möchte. Ein weiterer wichtiger Faktor für mich, der eine Essstörung auslösen kann, ist die Sucht nach Essen, in einer Situation, in der das Essen gleichermaßen zu einer Droge für den Süchtigen wird und sich die Gedanken ständig um Nahrung kreisen.

Bei Essstörungen handelt es sich um eine psychogene Erkrankung, wobei Bulimie eher die physische und Anorexie die psychische Form der Essstörung ist.[30]

3.3.1.Indiviuelle Faktoren einer Essstörung

Störungen der Selbst- und Körperwahrnehmung sowie Persönlichkeitsfaktoren (angepasst-perfektionistisch, abhängig) können Risikofaktoren für die Entwicklung einer Essstörung sein. Auch Übergewicht mit dem Wunsch abzunehmen, kann eine Essstörung herbeiführen. Ziellosigkeit mit einhergehender Frustration *sein Leben nicht auf die Reihe zu bekommen* und unlösbare Probleme können ebenfalls Auslöser sein. Durch eine Essstörung versucht die Kranke, auf sich aufmerksam zu machen, und stößt doch alle von sich weg. Selbst, wenn andere für sie da sind, fühlt sie sich alleine gelassen, da es die innere Leere ist, die niemand auszufüllen vermag.

3.3.2 Familiär

Wenn Essstörungen bereits bei anderen Familienmitgliedern ein Problem sind, kann es zum eigenen Problem werden. Dazu zählen auch Drogenmissbrauch oder Störungen des Gefühlslebens innerhalb der Familie. Vor allem in der Pubertät kapseln sich Kinder von der Familie ab und versuchen, auf sich aufmerksam zu machen und anders zu sein. Eine Ernährungsveränderung kann hierbei ein Aspekt sein.

3.3.3 Kulturell

Das schlanke Körperideal, welches in der Gesellschaft vorgelebt wird, kann zu einem Abnehmwunsch führen. Durch die mediale Wirkung und dem inflationären Angebot von den verschiedensten Diäten und Ernährungsformen, die alle eine Erfolgsgarantie versprechen, entwickelt sich nicht selten ein sogenannter Fahrstuhleffekt, der wiederum eine Essstörung begünstigen kann.[31]

---

[30] Vgl. Hornbacher, Marya 1999, S. 232.
[31] Vgl. Ettrich, Christine; Pfeiffer, Ulrike. 2001, Seite.16f

<u>3.3.4 Essen (Droge)</u>

„Sucht wird im Allgemeinen als eine leidenschaftliche, krankhafte Gier nach einer Droge, einem Genussmittel oder einer Verhaltensweise definiert."[32]

Eine essgestörte Person wird sich selbst immer als süchtig fühlen, da sie nicht gegen ihren Zustand ankommen kann und wie süchtig dem Kreislauf des Essens (der Droge) immer weiter verfällt. Sie ist wie eine Marionette und das Essen die Versuchung – es stellt sich jetzt die Frage, wer hier die Fäden bzw. die Hände zum Mund führt.

Die Weltgesundheitsorganisation WHO differenziert auch in diesem Kontext zwischen einer körperlichen- und einer seelischen Abhängigkeit. Die körperliche Abhängigkeit wird als Sucht beschrieben. Allerdings werden die „Ess-Brech-Sucht" und die „Magersucht" der seelischen Abhängigkeit, also der Gewohnheitsbildung zugeordnet. Daher werden die beiden Krankheiten als „Verhaltensauffäligkeiten" und nicht als Sucht eingestuft.[33]

Dennoch befinden sich die Betroffenen wie in einem Suchtzustand, da das Essen (die Droge) ihren ganzen Alltag bestimmt und sie an nichts anderes Denken können. Daher kann es sein, dass jemand, der anfällig für Süchte ist, da er versucht Probleme im Leben zu kompensieren, auch in seinem Essverhalten eine Art Sucht entwickelt und dieses folglich zu einer Essstörung führen kann. *„Essgestörte brauchen ihre Sucht, um sich nicht ihren eigentlichen Problemen stellen zu müssen."*[34]

Die reinen Gefühle, die hier helfen könnten, werden verteufelt - das sind doch wahre Herausforderungen in einer Zeit, die doch so sicher scheint.

---

[32] Vgl. Langsdorff, Maja 2011, S. 83.
[33] Vgl. ebd., S. 83.
[34] Vgl. ebd., S. 164.

4. Bulimia nervosa

4.1 Geschichtlicher Hintergrund

Selbstinduziertes Erbrechen einhergehend mit einer „Fressorgie" wurde bereits im vorchristlichen Ägypten, in Griechenland und im römischen Reich praktiziert. Allerdings ging es in der damaligen Zeit vielleicht nicht um den Wunsch der Gewichtskontrolle, sondern wahrscheinlich darum, bei Festlichkeiten möglichst viel zu essen. War der Magen voll, wurde er eben entleert und man konnte ohne Probleme mehr Essen zu sich nehmen, als es sonst der Fall gewesen wäre. Die Bulimie verbreitete sich in den 1950er Jahren zunehmend und wurde dann 1980 als eigenständiges Krankheitsbild anerkannt.[35]

4.2 Merkmale

„Zwei Seelen wohnen, ach! in meiner Brust. "[36]

Bulimie, in der Wissenschaft als „Bulimia nervosa" bezeichnet, beschreibt das Phänomen der Sucht von übermäßiger Nahrungsaufnahme durch Heißhunger, welche mit anschließendem selbstinduziertem Erbrechen einhergeht.[37]

Hierbei soll der Gewichtszunahme entgegengewirkt werden, mit dem Ziel Gewicht zu verlieren. Das Essen wird zur Droge, Erbrechen zum Zwang und die Figur zur Messskala des Selbstwertgefühls.[38] Wer an Bulimie leidet, befindet sich in einem Teufelskreis. Das schlechte Gewissen nagt am Bulimiker, der über keine Kontrolle seiner „Fressanfälle" verfügt und somit die Nahrung zwangsläufig wieder erbrechen muss, um nicht dick zu werden bzw. sich schlecht zu fühlen. Diese Menschen verzweifeln an ihrem unstillbaren Hunger, da sie im Prinzip gar nichts essen wollen.[39]

Das Zitat aus Goethes Werk „Faust", welches zwei Seelen in einer Brust beschreibt, drückt in dem Zusammenhang mit Bulimie die Dilemma Situation aus, in der sich Bulimiker befinden. Der Frust, der auf eine Heißhungerattacke folgt, ist sehr stark und die Abneigung gegen die eigene Person die Folge.

Das Essverhalten wird verantwortungslos, da übermäßig viel gegessen wird, mit dem

---

[35] Vgl. Kremser, Bettina 2011, S. 43.
[36] http://universal_lexikon.deacademic.com/323085/Zwei_Seelen_wohnen%2C_ach%2C_in_
meiner ner_Brust.
[37] Vgl. Langsdorff, Maja 2011, S. 19.
[38] Vgl. ebd., S. 23.
[39] Vgl. ebd., S. 27.

Vorhaben, danach wieder alles zu erbrechen. Das Verhältnis zum Essen ist somit absurd geworden. Doch wie entsteht ein solcher Teufelskreis? Die Entwicklung einer Bulimie lässt sich in drei Entwicklungsstadien einteilen.

In der ersten Phase, dem Einstiegsprozess, wird sich um eine „bessere" Figur bemüht. Dieses äußert sich durch zahlreiche Diätversuche, um Kontrolle über das Essverhalten zu erlangen. Durch diese Abmagerungskuren werden die ersten Heißhungerattacken entwickelt, die zu „Fressanfällen" führen. In dieser Phase kann alles gegessen werden, sogar pure Butter ist willkommen. Um sich zu erleichtern wird oft zu Abführmitteln gegriffen. Da das Essen aus übermäßigem Hunger zu einem Kontrollverlust führt, muss diese Kontrolle wiedererlangt werden, was durch das Erbrechen der Nahrung erfolgt. Am Anfang scheint das Erbrechen nur ein Mittel zum Zweck zu sein, doch durch das immer wiederholende Erbrechen wird es zu einer Sucht und alles scheint sich zu verselbstständigen.

In der zweiten Phase, dem Einschliff-Prozess, wird noch stärker versucht, dem Abnehmwunsch nachzukommen; dazu gehört auch, alle Lebensmittel genau zu studieren und „krankhaft" genau zu wissen, wieviel Kalorien jedes Nahrungsmittel enthält. Hierbei wird die Nahrung nur danach beurteilt, wie dick man dadurch werden könnte. Die Zusammensetzung wie Mineralien, Vitamine, Spurenelemente, Eiweißgehalt und Ballaststoffanteil sind an dieser Stelle uninteressant. Was auch erklärt, wieso sich Bulimiker nicht mit ihrem Nährstoffmangel beschäftigen. Durch das Hungern wird eine Selbstkontrolle erlangt, die sich für den Bulimiker zunächst gut anfühlt, doch dann den „Fressanfällen" weicht, die er erst mit dem „Übergeben" unter Kontrolle bekommt. Um nicht zuzunehmen wird jedes Mittel recht, ob Missbrauch von Abführ- und Entwässerungsmitteln oder der Einnahme von Appetitzüglern. Dieses absurde, ja krankhafte Verhalten wird vom Bulimiker jedoch nicht in Frage gestellt, sondern vor anderen und vor allem auch vor sich selbst verleugnet, verdrängt und ignoriert.

In der dritten Phase, dem Erkenntnisprozess, gibt es einen ständigen Wechsel zwischen dem dramatischen zügellosen Essen und der Enthaltsamkeit. Ferner werden Alkohol und Medikamente meistens vom Bulimiker ge- und missbraucht.[40] Es wird nun nicht mehr nur erbrochen, um die aufgenommene Nahrung wieder loszuwerden, sondern auch, um noch mehr essen zu können, weil der Magen voll ist, um sich dann erneut zu erbrechen. Eine „Fressorgie" am Tag reicht schon lange nicht mehr und die Lebensmittel werden chronologisch gegessen.

---

[40] Vgl. ebd., S. 54.

„Brauchte sie ursprünglich eine Viertelstunde, um den „ganzen Scheiß" rauszukotzen, rei-
chen nun, zwei bis drei Minuten. Sie schichtet die Nahrungsmittel gezielt in ihrem Körper
übereinander. Schokolade wird sie als Letztes essen, da diese vom Körper am schnellsten
verdaut wird. Sahneeis oder Schlagsahne erkennt sie als geradezu ideale Unterlage im Ma-
gen, da dieser nicht imstande ist, die kalten und fetthaltigen Speisen augenblicklich aufzu-
schließen. Dazwischen passen die unproblematischen Spaghetti, aber auch nicht allzu trocke-
nes Fleisch, Fleischsalate, Brote, Brötchen, Kekse, Kuchen, Erdnüsse, Chips und Flips, fette
Salate, Eierspeisen und Fertiggerichte. Nicht jede hat dieselben Vorlieben. Die einen ver-
schlingen 15 Stück Sahnekuchen, andere drei Stück Butter mit ebenso viel Zucker, wieder
andere spachteln „querbeet" oder kochen sich fünf verschiedene Schnellgerichte. Dazu trin-
ken sie literweise Milch, Mineralwasser, Cola, Wein- oder Apfelschorle, um zu verhindern,
dass der Nahrungsbrei zu zäh wird und sich nicht mehr auswürgen lässt." [41]

Nahrungsmittel, auf die sonst verzichtet wird, gehören zu solchen „Fressattacken" dazu. In
dieser Phase ist die Bulimie so ausgereift und schlimm, dass es kaum mehr zu verstecken ist,
dass ein Problem besteht. Doch selbst, wenn erkannt wird, dass ein Problem besteht, bricht
pure Verzweiflung aus und es wird sich niemanden anvertraut. Durch diese Verzweiflung und
die fehlenden Nährstoffe kann zunehmend eine Depression entstehen. Erst wenn der Bulimiker so tief fällt, besteht die Möglichkeit, dass er auszubrechen versucht und sich auch nach
außen hin öffnet, aber nur, wenn er am Ende ist und versteht, dass dieser Weg so nicht wei-
tergehen kann. [42]

Die Gewalt die dem eigenen Körper angetan wird, lässt einen Bulimiker spüren, dass er am
Leben ist, dass er noch da ist und vor allem macht sich der Gedanke breit, dass er es verdient
hat, Schmerzen zu erleiden. Das Erbrechen ist wie eine riesige Erleichterung, denn es lässt
den Bulimiker seinen Körper spüren und wissen, dass er sich nicht vollkommen in Luft aufge-
löst hat. Dennoch überkommt ihn eine Leere, die sich anfühlt, als wäre er allein auf der Welt.
Bei Bulimie ist das Problem, dass es sehr lange verdeckt bleiben kann, weil sich der
Körperumfang nicht verändert und die Bulimikerin sich diese Vergeudung von Ressourcen
auch finanziell leisten kann.

---

[41] Vgl. ebd., S. 64.
[42] Vgl. ebd., S. 54.

4.3 Folgen

Bulimiker sind Profis im Erbrechen. Natürlich bleibt dies nicht ohne Folgen. Die Speiseröhre wird beim Erbrechen permanent mit Säure konfrontiert und dadurch geschädigt und der Körper sammelt Flüssigkeit, was Ödeme an Händen und Beinen verursacht. Störungen im Elektrolythaushalt führen zu Schwächeanfällen, Verwirrung, Gedächtnisverlust und Denkstörungen sowie zu einer emotionalen Labilität. [43]

Durch die Heißhungerattacken brauchen Bulimiker eine Menge Nahrungsmittel, die es zu beschaffen gilt. Daher werden u. a. Eltern, Freunde und Supermärkte beklaut, um diesen Heißhunger zu stillen. Dieser schleichende Zustand, in den ein Bulimiker fällt, zerreißt ihn förmlich. Die Gesundheit leidet stark darunter und auch das soziale Umfeld wird zu einem schwierigen Unterfangen. Sie verschließen sich gegenüber ihren Mitmenschen aus der ständigen bedrohenden Angst heraus, entdeckt zu werden, was gleichsam zu einer Abschottung führt. Das ganze soziale Leben wird durch die Bulimie geprägt, die Kultur des gemeinsamen Essens, die verbindet, wird schier unmöglich. Von den Gedanken getrieben, wo man sich nach dem Essen übergeben könnte, um unauffällig zu bleiben, erschwert es immer mehr mit anderen Menschen zusammen sein Leben zu führen.

Die Folge; der Bulimiker zieht sich zurück und kapselt sich von seinem sozialen Umfeld ab.

Neben der Bulimie steht die Anorexie. Die beiden Krankheitsbilder sind eng miteinander verbunden, da beide Krankheiten denselben Wunsch verfolgen, endlich schlank zu sein. Nicht immer sind die beiden Ess-Störungen klar voneinander trennbar. Überschneiden sich diese beiden Krankheitsbilder in Kombination, wird in diesem Fall von „Bulimarexie" gesprochen.[44]

---

[43] Vgl. Hornbacher, Marya 1999, S. 71.
[44] Vgl. ebd., S. 9.

5. Anorexia nervosa

Anmerkung der Redaktion: Abb. wurde aus urheberrechtlichen Gründen für die Publikation entfernt

Abbildung 3: „eine Magersüchtige Frau".

Der ganze Körper ist abgemagert, die Knochen stehen hervor. Sie wirkt in sich gekehrt und leer, fast als wäre sie unsichtbar.

„Unsichtbar sein", „sich dünn machen", das sind Intentionen, die viele Anorektiker gut kennen. Die Anorexie führt zur Störung des eigenen Körperbildes, da sich die Person selbst bei Normal- oder Untergewicht als zu dick empfindet.[45]

Anorexia Nervosa ist die am weitesten verbreitete Essstörung in Deutschland. Rund 100.000 Deutsche leiden unter dieser psychischen Erkrankung. Vor allem junge Frauen im Alter von 15-24 Jahren sind betroffen, weil sich der Körper verändert und weibliche Rundungen immer deutlicher werden. Daher steigt die Wahrscheinlichkeit, sich mit der Veränderung des Körpers unwohl zu fühlen und in die Falle der Magersucht zu treten. [46]

Die emotionale Instabilität und das Nacheifern von Vorbildern begünstigt den Drang danach, sich verändern zu wollen; dieser Wunsch wird durch das Abnehmen gefestigt.

Das Auszehren des Körpers bis zum Tode ist leider keine Seltenheit mehr. Die Anfänge dieser Krankheit liegen sehr weit zurück und haben sich in der gegenwärtigen Zeit deutlich manifestiert.

---

[45] Vgl. Ettrich, Christine; Pfeiffer, Ulrike. 2001, S.10.
[46] Vgl. Kremser, Bettina 2011, S.34.

„Am vierten Tag endlich gar
Der Kaspar wie ein Fädchen war
Er wog vielleicht ein halbes Lot
Und war am fünften Tage tot.“[47]

Die Geschichte des „Suppenkaspars“, aus dem berühmten Buch „Struwwelpeter“ von Heinrich Hoffmann aus dem 19. Jahrhundert zeigt, wie aktuell das Thema der Anorexie bereits in früherer Zeit war. Überlieferungen der Verweigerungen von Nahrungsmittelaufnahme reichen zurück bis in die biblische Zeit. Aus religiösen Gründen oder als Selbstbestrafung wurde gefastet bis hin zur Abmagerung des Körpers. Einige wurden sogar als Heilige geehrt. Um 1873 wurde die Magersucht dann als selbstständiges, psychisch verursachtes Krankheitsbild beschrieben. Das Auszehren des Körpers wurde auch als Statement zur Durchsetzung politischer Ziele genutzt, wie Ghandi es in historisch einmaliger Dimension getan hatte, der in den „Hungerstreik“ trat, um Frieden zu stiften.[48]

<u>5.2 Untergewicht erkennen</u>

Ob ein Mensch untergewichtig ist, lässt sich nicht immer von außen beurteilen, außer eine Magersüchtige hat sich bereits bis auf die Knochen herunter gehungert, wobei diese, um das zu verbergen, oft weite Kleidung anziehen. Viele Models sind untergewichtig, werden aber nicht immer als diese erkannt, sondern die Figur wird als normal empfunden und eine Normalfigur als zu dick.

Daher wird ein Beurteilungsmaßstab benötigt, welcher deutlich macht, ob jemand normalgewichtig ist oder nicht. Hierfür wird der Body-Mass-Index verwendet, da dieser in einem zu Genüge stehenden Verhältnis mit dem Körperfettanteil steht.

Der BMI berechnet sich wie folgt:

BMI=Körpergewicht in kg/ (Körpergröße in m) ^{2}

---

[47] Vgl. ebd., S. 33.
[48] Vgl. ebd.

Liegt der Wert bei dieser Rechnung bei unter 18,5 wird von Untergewicht und bei einem Wert von über 25 von Übergewicht gesprochen. Bei den Werten die zwischen diesen Grenzen stehen, handelt es sich um ein Normalgewicht. [49] Je früher Untergewicht erkannt wird desto besser. Leider ist es aber oft zu spät, weil der Patient schon längst und tief in der Anorexie gefangen ist, was sich nicht nur durch Untergewicht äußert.

5.3 Merkmale

Wer unter einer Anorexie leidet, dessen Selbstbild ist meistens extrem verzerrt. Der Blick in den Spiegel könnte helfen, doch kann die Magersüchtige nicht mehr erkennen, wie ausgezehrt sie bereits aussieht. Der einzige Gedanke, der in ihrem Kopf kreist, ist, dass sie zu dick ist, weil ihre Realität eben verschroben ist. Der extreme Wunsch, schlank zu sein, ist das Wichtigste und wird über alles andere gestellt. Anorektiker versuchen über das erfolgreiche Hungern Selbstkontrolle zu erlangen und fühlen sich dadurch eigenständig und unabhängig.

Ebenso wie dem Bulimiker ist es dem Anorektiker wichtig, genau zu wissen, wieviel Kalorien ein Lebensmittel enthält. Im Gegensatz zum Bulimiker isst ein Anorektiker jedoch sehr wenig bis gar nicht und übt damit vollste Kontrolle über den eigenen Körper aus. Das Essen wird meist in kalorienarme (erlaubte Nahrungsmittel) und in kalorienreiche, fett-und kohlenhydratreiche (verbotene Nahrungsmittel) eingeteilt. Die Betroffenen entwickeln ihre eigenen strengen Essensregeln und Rituale. Obendrein üben sie eine permanente Gewichtskontrolle aus durch mehrfach tägliches wiegen.

Die Frauen, die unter einer Anorexie leiden, fühlen sich anderen Menschen gegenüber überlegen und wollen sich von der Gesellschaft abheben, etwas Besonderes sein, um gesehen zu werden. Die ausgeübte Triebunterdrückung dem Hunger gegenüber erleben sie als eine überragende Leistung.
Der Gewichtsverlust wird ausschließlich durch Einschränkung oder den totalen Verzicht der Aufnahme von Nahrungsmitteln und durch übertriebene körperliche Betätigung erzielt.
Magersüchtige leiden an einer „Normalgewichtsphobie", was bedeutet sie haben ständig Angst, zuzunehmen oder normalgewichtig zu sein, und nehmen daher immer weiter ab.[50]
Den Verlauf einer Anorexie und die Tragweite dahinter ist kaum vorstellbar, daher möchte ich den Krankheitslauf eines 15-jährigen magersüchtigen Mädchens namens Sabrina kurz darstellen.

---

[49] Vgl. Ettrich, Christine; Pfeiffer, Ulrike. 2001, S.10.
[50] Vgl. Kinzl, Johann; Kiefer, Ingrid; Kunze Michael 2004, S.42.

Als Sabrina die ersten fünf Kilo abgenommen hatte, weil sie etwas schlanker sein wollte, war sie stolz auf sich, da sie sich wieder wohler in ihrer Haut fühlen konnte. Allerdings wusste sie nicht, wie sie das Gewicht halten sollte, ohne wieder zuzunehmen und aß deswegen weiterhin nur rationierte Portionen und verlor irgendwann auch das Appetit- und Hungergefühl.

Durch einen Vitamin B1 Mangel kommt es zur Appetitlosigkeit, weshalb es für eine Magersüchtige noch leichter ist, weiter abzunehmen.[51]

Trotzdem beschäftigte sie sich gerne mit Lebensmitteln und vor allem mit Kalorientabellen. Sie kochte auch für ihre Mutter, um ihr dann beim Essen zuzuschauen. Sowohl Magersüchtige als auch Bulimiker sind von Essen begeistert, haben aber Angst zuzunehmen. Daher wog sich Sabrina auch vor und nach jeder Mahlzeit, die meistens aus Obst und Magerjoghurt bestand, und schaute sich jeden Tag im Spiegel an. Obwohl ihr Selbstbild nicht verzerrt wurde und sie die herausstehenden Knochen abscheulich fand, konnte sie nicht aufhören weiter abzunehmen und fühlte sich überwältigt, als könnte sie sich selbst nicht mehr steuern, sondern die Krankheit bestimmte über sie. Sie merkte genau, dass sie sich komplett von der Außenwelt zurückzog und immer kraftloser wurde. In ihrem Fall bemerkte oder ignorierte ihre Mutter lange ihre körperliche Veränderung, weil sie beschäftigt war.[52] Hierbei wird deutlich, wie auch die Familie einen entscheidenden Aspekt für eine Essstörung darstellen kann. Das immer weiter steigende Untergewicht, welches eine Magersüchtige erwartet, hat schwerwiegende Folgen.

5.4 Folgen

Der Körper versucht sich zu schützen und entwickelt aufgrund des Verlustes von Fett Flaumbehaarung an Schultern, Armen und Rücken. Dazu fühlt sich die Magersüchtige schwach, müde und leidet an Schwindelgefühlen. Konzentrations- und Schlafstörungen kommen gleichermaßen dazu, wie auch Frösteln und Frieren. Desgleichen treten Bauchschmerzen durch die Nahrungsverweigerung auf. Ebenso wie Bulimiker isolieren sich Magersüchtige von ihrer Außenwelt. Sie fühlen sich einsam und haben depressive Verstimmungen. Folgende Erscheinungen sind signifikant und besonders häufig festzustellen:

- die Haut ist trocken und schuppig,
- die Mundwinkel eingerissen,
- kalte Extremitäten mit bläulich, verfärbten Zehen und Fingern,

---

[51] Vgl. Keith, Lierre; Gonder, Ulrike. 2013-2015, S.197
[52] Vgl. Ettrich, Christine; Pfeiffer, Ulrike. 2001, S.29ff

- von Niere, Herz und Blutkreislauf kommende Gewebewasseransammlungen und

- das Ausbleiben der Periode. (Amenorrhö).

Magersucht führt zu bleibenden Schäden, die selbst bei späterer Heilung sehr ausgeprägt bleiben. Das Herunterhungern ist kaum wieder gut zu machen, wenn es nicht frühzeitig behandelt wird.

Im Gegensatz zur Bulimie ist die Sterblichkeitsrate hoch, weil der Mensch sich zu Tode hungert und der Körper dem nicht standhalten kann. [53] Etwa 10-15 Prozent sterben an ihrer Magersucht. Anorexie erreicht mit diesen Zahlen **die höchste** Sterberate psychischer Störungen.[54]

6. Die Verbindung zwischen Orthorexie, Veganismus, Bulimie und Anorexie

Sich mit dem Erhalt der eigenen Gesundheit und folglich der zuzuführenden Nahrung auseinander zu setzen, gehört in der gegenwärtigen Zeit zum Trend des Gesundheitsbewusstseins. Es wird aktuell für immer mehr Menschen wichtiger, zu wissen, was sie da zu sich nehmen und auch wo diese Nahrung herkommt. Zunehmend gehen Leute im Bio-Supermarkt einkaufen oder entscheiden sich für eine vegetarische oder eine vegane Lebensweise, um sich gesünder zu ernähren. Doch hat auch diese Entwicklung zwei Seiten.

Ein Orthorektiker leidet z. B. aufgrund der ständigen Sorge um die Gesundheit unter der krankhaften Beschäftigung mit gesunden Lebensmitteln.

Die Qualität der Produkte ist hierbei im Gegensatz zur Bulimie und Anorexie sehr wichtig. Dennoch beschäftigen sich alle Betroffenen der drei Essstörungen in einem übertriebenen Maße in ihrem Alltag mit Nahrungsmitteln. [55] Der Begriff Orthorexie leitet sich aus dem Griechischen ab und setzt sich aus den beiden Wörtern orthos= richtig und orexis =Appetit zusammen. Ein Orthorektiker fühlt sich anderen gegenüber überlegen, weil er sich mehr als der „Durchschnittsbürger" mit einer gesunden Ernährungsweise beschäftigt. Dieses zwanghafte Verhalten führt dazu, dass er keinen kulturellen Wert oder Genuss beim Essen verspürt. Sogar frühere Lieblingsspeisen werden aufgegeben, um gesund zu sein. Die Lebensmittel werden systematisch in „gesund" und „ungesund" eingeteilt. Hierbei spielen auch „gute" und

---

[53] Vgl. ebd., S.29f.
[54] https://www.aerztezeitung.de/medizin/krankheiten/neuro-psychiatrische_krankheiten/essstoerun gen/article/473431/anorexie-jeder-zehnte-betroffene-stirbt.html.
[55] Vgl. Kremser, Bettina 2011, S.28.

„böse" Inhaltsstoffe eine Rolle.[56] Eine bewusste Ernährungsweise wird zu einem übertriebenen „Gesundheitsfanatismus" [57]

Auch Veganer beschäftigen sich in ihrem Alltag mit gesunden Nahrungsmitteln und möchten sich besonders bewusst ernähren, zwar nicht in dem gleichen Ausmaß, jedoch könnte sich hieraus auch ein Zwang entwickeln.

7. Veganismus und Essstörung - gibt es Zusammenhänge?

7.1 Abnehmen durch Veganismus:

„Ihre Ernährung auf rein vegetarische Kost hatte Birka bereits vor längerer Zeit umgestellt, um im weiteren Verlauf durch ein bewusstes Weglassen von Mahlzeiten bis zur fast völligen Nahrungsverweigerung ca. 25kg abzunehmen"[58]

Birka (17 Jahre alt und magersüchtig), die sich, um abzunehmen, für eine reine vegetarische Kost entschied, ist ein Beispiel dafür, dass durch das Weglassen von bestimmten Lebensmitteln (wie im Veganismus als striktere Form des Vegetarismus) eine Essstörung begünstigt werden kann. Inwieweit der Veganismus mit einer Essstörung zusammenhängen kann, kommt m. E. auf das Interesse der Hintergründe an, warum sich jemand für eine vegane Ernährung entscheidet. Die ethisch-moralische Komponente würde ich hierbei ausschließen, außer es kommt aufgrund von politischen Gründen zu einem Hungerstreik, wie es bei Ghandi der Fall war. Vegan zu leben aus der Intention heraus, abnehmen zu wollen, kann ein gefährliches Unterfangen werden und steht im Bezug zur Entwicklung einer Essstörung.

Im Veganismus wird eine rein pflanzliche Ernährungsweise praktiziert. Durch dieses Selektieren von Nahrung kann der Lebensmittelverzicht zu einem Zwang werden. Auch Anorektiker und Bulimiker selektieren ihre Nahrung und möchten Kontrolle darüber ausüben, was sie essen und sind von dem, was sie nicht essen dürfen, fasziniert.

Ferner kennen Veganer mehr tierische Produkte als jeder andere, genauso wie niemand anderes eine so präzise Kalorientabelle von Nahrungsmittel aufstellen könnte als Mager- und Ess- Brech- Süchtige. Die Gedanken kreisen in allen Fällen immer wieder ums Essen und darum, was gegessen werden darf und was nicht.

---

[56] Vgl. Klotter, Christoph 2016, S.54.
[57] Vgl. Kinzl, Johann; Kiefer, Ingrid; Kunze Michael 2004, S.38.
[58] Vgl. Ettrich, Christine; Pfeiffer, Ulrike. 2001, S.153.

7.2 Nährstoffmangel:

Zwischen 30 und 50 Prozent der Mädchen und Frauen, die sich in Behandlung wegen einer Bulimie oder einer Anorexie begeben, sind Vegetarierinnen, welches die Urform des Veganismus ist.[59] Wer Vegan lebt, leidet in den meisten Fällen an einem Nährstoffmangel. Daher nehmen viele Veganer Nahrungsergänzungsmittel und führen sich lieber Chemie zu als tierische Produkte zu essen. Nahrungsergänzungsmittel sind jedoch keine Dauerlösung und sollten nur in Rücksprache mit einem Arzt eingenommen werden. Durch Nährstoffmängel können Symptome auftreten, einhergehend mit der Gefahr einer Essstörung. Dazu gehören vor allem Mängel von Tryptophan, Zink und Niacin. Sie kommen überwiegend in tierischen Produkten, wie in Fleisch als auch in Eiern, Milch und Käse vor.[60] Pflanzliche Produktquellen haben für den Menschen heutzutage eine schlechtere Bioverfügbarkeit. Die vegane Nahrung beinhaltet wenig Tryptophan, die Vorstufe des Serotonins, welches vor allem in tierischen Produkten vorkommt und für das Grundgefühl des Wohlbefindens und der Selbstachtung sorgt.

„Immer und immer wieder ergaben Studien, dass der Serotoninspiegel sinkt, wenn man das Tryptophan aus unserer Nahrung entfernt, dass Depressionen (einschließlich der Winterdepression), Schlaflosigkeit, Panikzustände und Wut zunehmen und dass Bulimie und stoffliche Abhängigkeiten ausgelöst werden."[61]

Ein Tryptophanmangel kann somit eine Essstörung auslösen. Auch Zink- und Niacinmangel, welche durch eine vegane Ernährung auftreten können, führen zu Störungen des Gemütszustandes und spielen auch bei Zwangshandlungen einschließlich Essstörungen eine Rolle. Vor allem Teenager sind stark gefährdet, weil ihr Körper und das Gehirn noch im Wachstum sind und daher mehr und auch die beschriebenen Nährstoffe benötigen.

Sich mit der eigenen Gesundheit und in diesem Zusammenhang mit der Nahrung zu beschäftigen, findet immer mehr Anhänger in der westlichen Welt, wo es ja eigentlich genug zu essen gibt. Die reine Nahrungsaufnahme in einer Zeit, wo Mangel nicht mehr existiert, spült neue Ängste hervor. Die ewige Suche nach Schönheit bringt es mit sich, dass gerade heutigen Tages jede Möglichkeit genutzt wird, sich hier der verfügbaren Mittel zu bedienen, und sei es dadurch, sich etwas zu versagen.

---

[59] Vgl. Keith, Lierre; Gonder, Ulrike. 2013-2015, S.197.
[60] Vgl. Kofrányi, Ernst; Wirths, Willi.2013. S.100-131.
[61] Vgl. ebd., S. 197.

8. Fazit

Meine anfängliche Kernfrage, ob Veganismus eine Einstiegsdroge für Bulimie und Anorexie sein könnte, kann ich ganz klar mit **ja** beantworten. Zwar kommt es auch immer auf die Intention an, warum jemand vegan lebt, aber dennoch handelt es sich bei der veganen Ernährungsweise um eine Form, die Nahrungsmittel selektiert und das Essen von tierischen Produkten gänzlich verbietet. Wer einmal in der Woche ein Ei isst, um wichtige Nährstoffe zu sich zu führen, kann sich schon nicht mehr Veganer nennen. Diese Form der Ernährung ist mir persönlich zu streng und kontrolliert. Dieser Zwang, einen genauen Essensplan einzuhalten, der nur mit pflanzlichen Produkten auskommt, ähnelt doch sehr dem Konstrukt einer essgestörten Person.

Menschen, die sich vollwertig ernähren und sich wenig Gedanken darum machen, was sie essen, sondern nur schauen, dass sie sich ausgewogen ernähren, werden weniger Gefahr laufen, einer Essstörung anheim zu fallen. Für sie bedeutet Essen Genuss und Kultur. Jemand, der mit der veganen Ernährung abnehmen will, ist einem höheren Risikofaktor erlegen, einer Essstörung zu verfallen. Aber auch die jungen Frauen, die sich für eine vegane Ernährung entscheiden, weil es im „Trend" liegt, laufen große Gefahr, sich bewusst oder unbewusst in einen Mangel zu essen. Wenn dann noch aus einem Trend ein Zwang wird, steigt die Wahrscheinlichkeit einer Essstörung.

Hinter dem Titel „Veganer" kann man sich zudem verstecken und hat Erklärungen dafür, wieso man gerade nichts essen mag oder nur bestimmte Sachen isst. Dies begünstigt die Entwicklung einer Essstörung, da sich das Essverhalten nach strikten Vorgaben richtet. Jedoch wird nicht jeder, der vegan lebt, weil er abnehmen möchte, eine Essstörung entwickeln. Genauso wird es Menschen geben, die mehrere Diäten ausprobiert haben und niemals an einer Essstörung litten.

Fangen Menschen allerdings an, sich täglich stundenlang sehr intensiv mit der eigenen Ernährung auseinanderzusetzen, um zu überlegen, welche Lebensmittel eigentlich noch gegessen werden dürfen, beginnen dazu, über ein geringes Selbstbewusstsein zu verfügen und über die Dinge eher negativ als positiv zu denken und mit ihrem Körper sehr unzufrieden zu sein und sich von der Gesellschaft zu isolieren, sind sie stark gefährdet durch die vegane Ernährung an einer Essstörung zu erkranken. Hierzu gehört auch, dass das Essen nicht mehr als etwas Kulturelles, Genüssliches verstanden wird. Die Nahrung steht für die „Ernährung" und diese wird einfach „hinter sich gebracht ".[62]

Ferner kann Veganismus zu einem Nährstoffmangel führen, da es sehr schwer ist, sich in einer veganen Ernährung vollwertig zu ernähren. Durch eine rein vegane Kost kann ein Nährstoffmangel entstehen. Die überwiegend nur in tierischen Produkten vorhandenen Stoffe wie Tryptophan, Zink oder auch Niacin können nur bedingt durch vegane Kost zugeführt bzw. ersetzt werden, mithin kann eine Essstörung die Folge sein.

Der Veganismus schränkt die Ernährungsweise stark ein. Eine Abwandlung des Veganismus oder auch eine leichtere Form finde ich vertretbar. Wobei es gar nicht so weit kommen würde, wenn wir nicht in einer Nahrungsüberflussgesellschaft leben würden. Der Veganismus ist ein Anfang der vertiefenden Bewusstseinswerdung in der westlichen Welt, sich mit dem vorhandenen Nahrungsüberangebot auseinanderzusetzen. Es wird nicht das gegessen, was auf den Tisch kommt, sondern bewusst Nahrung unterteilt in „richtig" und „falsch". Auch in der Bulimie und Anorexie wird Nahrung unterteilt. Die Essstörungen Ess-Brech-Sucht und Magersucht leben durch das Essen in Form einer Droge. Durch das Aussieben von Nahrung kann Veganismus somit die Funktion einer Essstörung einnehmen.[63] Damit kann Veganismus auch eine Einstiegsdroge für Bulimie und Anorexie sein. Die in Gang gesetzte Öko-Bewegung, die auch finanziell immer größere wirtschaftliche Bedeutung und Erfolge zeigt, wächst unaufhörlich. Der Wunsch nach Gesundheit findet seinen Hafen auch in der Nahrung, die wir täglich zu uns nehmen.

Die Geißel der Zeit und geradezu in der Ersten Welt scheint, dass der Verlust bzw. die Verschiebung von Werten zu außergewöhnlichen Erscheinungsformen geführt hat. In dieser Situation, in der sich gerade jetzt junge Frauen zu Tode essen oder hungern, obwohl genügend da ist, ist die Umkehr der Not in der sogenannten Dritten Welt, wo wahrer Hunger herrscht und sich das äußere Erscheinungsbild zwangsweise herstellt - in einer Welt, in der eben nicht genügend zu Essen vorhanden ist, geschweige denn, dass Käse, Milch oder Fleisch mangels Geld gekauft werden können, die Menschen dort also zwangsweise vegan leben.

Dass hier ideologische Kämpfe zwischen den Befürwortern einer fleischlosen Kost entstehen, scheint eine allgemeine Eigenschaft des Menschen zu sein, sich ständig beweisen und messen zu müssen. In einer solchen Situation zeigt sich m. E. die wahrhaft kranke Erscheinung darin, dass der eigentliche Vorteil, eben in einem Teil der Welt zu leben, der friedlich ist und wo es

---

[62]https://www.vegpool.de/magazin/veganismus-essstoerung.html
[63]http://arranca.org/ausgabe/43/mein-koerper-mein-veganer-tempel

eigentlich keinen Mangel gibt, zum Nachteil wird, weil es sich eben hier zum Ziel gemacht wird, einem Schönheitsideal zu folgen und mit aller Gewalt gegen seinen Körper zu arbeiten, um sich mit der ideologischen Raffinesse einer -veganen- Ernährungsform dem Ebenbild zu nähern; denn des Menschen Wille ist ja bekanntlich sein Himmelsreich.

9. Literaturverzeichnis

https://www.aerztezeitung.de/medizin/krankheiten/neuro-
psychiatrische_krankheiten/essstoerungen/article/473431/anorexie-jeder-zehnte-betroffene-
stirbt.html [letzter Zugriff 20.03.2018-14:09 Uhr]

http://arranca.org/ausgabe/43/mein-koerper-mein-veganer-tempel
[letzter Zugriff 18.03.2018-09:30 Uhr]

https://www.augsburger-allgemeine.de/wissenschaft/Deutsche-Kinder-fuehlen-sich-zu-dick-
zu-Recht-id20152951.html [letzter Zugriff 18.03.2018-20:30 Uhr]

https://www.br.de/puls/themen/leben/geschichte-der-schoenheit-mode-trends-durch-die-
jahrhunderte-100.html [letzter Zugriff 15.03.2018-23:06 Uhr]

https://www.bzga-essstoerungen.de/lehr-und-fachkraefte/zahlen-zur-haeufigkeit/ [letzter Zugriff 15.03.2018-23:30 Uhr]

https://dr-barbara-hendel.de/blog/abnehmen-als-vegetarier/ [letzter Zugriff 09.03.2018-09:03
Uhr]

https://www.emma.de/artikel/wer-hat-je-ein-buch-geschrieben-das-das-schicksal-aller-
menschen-veraendert-265507 [letzter Zugriff 15.02.2018-10:08 Uhr]

Ettrich, Christine; Pfeiffer, Ulrike (2001). Anorexie und Bulimie: Zwischen Todes-Sehnsucht
und Lebens- Hunger. München: Urban & Fischer Verlag

http://www.gofeminin.de/abnehmen/prominente-veganer-d49849c582238.html [letzter Zugriff
09.03.2018-11:16 Uhr]

Jacobi, Frank. et al. (2014). Psychische Störungen in der Allgemeinbevölkerung. Studie zur
Gesundheit Erwachsener in Deutschland und ihr Zusatzmodul Psychische Gesundheit
(DEGS1-MH). Der Nervenarzt; (85)

Hornbacher, Marya (1999). Alice im Hungerland- Leben mit Bulimie und Magersucht. Eine
Autobiographie. Frankfurt/Main; New York: Campus Verlag

Keith Lierre; Gonder, Ulrike (2013-2015). Ethisch essen mit Fleisch. Eine Streitschrift über nachhaltige Ernährung mit Fleisch und die Missverständnisse und Risiken einer streng vegetarischen und veganen Lebensweise. Lünen: systemed Verlag

Kofrányi, Ernst; Wirths, Willi (2013). Einführung in die Ernährungslehre. Frankfurt am Main: Umschau Verlag

Univ.-Prof. Dr. Kinzl, Johann F.; Univ.-Doz. Mag. Dr. Kiefer, Ingried; Univ-Prof. Dr. Kunze, Michael (2004). Besessen vom Essen. Leoben: Kneipp - Verlag

Klotter, Christoph (2016). Identitätsbildung über Essen. Ein Essay über „normale" und alternative Esser. Wiesbaden: Springer Verlag.

Kremser, Bettina (2011). Anorexie und Bulimie bei Mädchen in der Pubertät. Ein Vergleich der psychischen Ursachen. Hamburg: Diplomica Verlag.

Langsdorff Maja (2011). Die heimliche Sucht, unheimlich zu essen. Bulimie- verstehen und heilen. Frankfurt am Main: Fischer Taschenbuch Verlag.

Leitzmann, Claus (2001). Vegetarismus- Grundlagen, Vorteile, Risiken. München: C.H. Beck Verlag.

Oberbeil, Klaus (2014). Die Super Vegan Diät– Schnell schlank: 4 Kilo in 1 Woche. München: Südwest Verlag.

http://www.peta.de/tierrechte [letzter Zugriff 12.03.2018-12:06 Uhr]

https://www.stern.de/lifestyle/mode/myla-dalbesio--was-ist-size-zero---und-wann-bin-ich-plus-size--3258782.html [letzter Zugriff 20.03.2018-08:50 Uhr]

http://universal_lexikon.deacademic.com/323085/Zwei_Seelen_wohnen%2C_ach%2C_in_m einer_Brust [letzter Zugriff 13.03.2018-07:50 Uhr]

https://www.vegpool.de/magazin/veganismus-essstoerung.html [letzter Zugriff 24.03.2018-11:50 Uhr]

10. Abbildungsverzeichnis